写真集　必ず明日はやって来る

東日本大震災　5年の記憶

目　次

はじめに	2	岩手県	56
茨城県	4	青森県	99
福島県	6	長野県	102
宮城県	20	おわりに	109

はじめに

　私は長野県で造園業を営む傍ら、約10年前から全国を訪ねて樹齢を重ねた古木の撮影を続けています。ラジオ放送で陸前高田市の「奇跡の一本松」が震災から半年経ってもまだ生きていることを知りました。

　奇跡の一本松は、震災から1カ月たった時、木の上の松葉がほとんど茶色くなっていたので、私の仕事柄、既に枯れていたと思いました。しかし、生き残った松の小枝を接ぎ木で増やせたことを知り、私はこの奇跡の一本松を撮影してみたいと思い、初めて現地へと向かいました。

　そこには、津波で流された町が広がっていました。テレビや新聞などの報道を何度も見ていましたが、こんなにも被害が大きかったのかと改めて思い知らされました。

　しばらく呆然としていましたが、頭を切り替えて撮影しました。長野へ帰ろうと5分ほど車で南下すると、片付けられた更地の中に傾いた蔵が一棟ありました。

　なぜ残っているのだろうと不思議に思い近寄ってみると、蔵の壁に「こわしてOKです」と書かれてあり、持ち主の無念が私にも伝わってきました。

　この時は、まだどこにも発表するつもりはなく、自分の机の中にしまっておくような記録のつもりで、この蔵を撮影してみました。

　その後も気になり、お盆や年末年始などを利用して20回以上被災地を訪れました。すると、次第に「自分の作品についてどのような印象があるのだろう」と思うようになりました。

　小さいアルバムにして、地元の方に伺ってみると「自分のことで忙しかったから、こういう所があったと初めて知ったよ」「写真展を開くようであれば、早く見てみたい」という声を多くいただきました。そこで、2013年から被災地を中心に巡回写真展を始めました。

　初めは、被災地で展示することに迷いもありましたが、ある展示場の責任者の方に「これだけ多くの来場者がある以上、新井さんが展示する意味があると思うよ。来てくれたことに感謝しています」と声を掛けていただき、展示して良かったと思えるようになりました。

　現在でも仕事の合間をみて被災地を訪れています。次第に、被災者の方々と長野県の方々の震災に対する温度差を感じ、「もっと震災について関心を持ってもらいたい、被災地を訪れてもらいたい」という思いで、長野でも展示してみました。

　その時、たまたま観光で訪れた東海地方の方から「東海地方に住んでいる人は長野より遠いので、被災地を訪れたことのない人がさらに多いと思う。けれども、震災

に対する関心はかなりあると思うので、東海地方でも展示してほしい」というお話をいただいたので、東海地方や南海地方でも展示してきました。

　このような私の活動を一冊の本にまとめてみましたので、多くの方にご覧になっていただけたらと思っております。

　今後も、継続的に被災地を訪れ、復興が進んでいる様子を数多く撮影できることを願っています。

「小さな祈り」（2014年11月、長野県白馬村）

新年の誓い（2014年1月、茨城県北茨城市）
試験的操業は2013年に始まっているが、15年11月の段階でも本格的な操業は行われていない。早く漁に出たいと願う漁師の後ろ姿が印象的だった。

～茨城県～

倒れる灯台　(2011年9月、茨城県北茨城市)

福島県

花の咲く家（2012年4月、いわき市）
　家主さんに撮影許可を得るために協力して下さった近所の旅館の方から「新井さんの行動が励みになります。一人で頑張っていたと思っていたけれども、そうではなかった」と声を掛けてもらった。

～福島県～

津波に勝る　(2011年9月、福島県広野町)

新地のシンボル （2015年5月、福島県新地町）
この旗は「復興フラッグ」とも呼ばれていて、多くのツーリングライダーたちの目標の場所にもなっている。

～福島県～

もう一つの奇跡の一本松（2015年5月、南相馬市）

折れる鉄塔 （2012年8月、南相馬市）

~福島県~

静かな朝日 （2012年1月、福島県新地町）

感謝の光 かがやく （2012年5月、南相馬市）

残る文字島 (2012年4月、相馬市)
当時、立ち入り制限区域に一番近い撮影地を探して出合った島。津波により形状が変わってしまっている。

~福島県~

共に残る （2011年12月、相馬市）

錦秋の達沢不動滝 （2012年10月、福島県猪苗代町）
会津地方にも観光客は完全には戻っていない。早くにぎわいを取り戻して欲しいと願う。

霧中の滝桜 (2012年4月、福島県三春町)
福島県内陸部の三春町にも放射性物質が多く飛散した。日本三大桜の「滝桜」が、こうして立派な花をつけていることを知ってうれしくなった。

~福島県~

唯一残る （2012年8月、相馬市）
　家主さんを訪ねたところ「友達や親戚に知ってほしい。住所や名前を出してもらってもいいよ」と気さくに答えてくれ、撮影許可をいただいた。

削られる道 （2012年8月、相馬市）

宮城県

手づくりの復興 (2012年1月、宮城県亘理町)
震災後に少しずつ復旧している神社。写真の左奥に鐘や本殿などが再建されている。

~宮城県~

また逢う日まで （2011年10月、宮城県山元町）
壊れてしまっている橋の手すりだが、今度訪れる時までに元通りの姿になって逢いたいと思い、この題をつけた。

白鳥たちは何を想う（2012年1月、宮城県山元町）

青空にはためく (2015年5月、宮城県山元町)

日和山のシルエット （2015年5月、名取市）

夜明け前 （2015年9月、名取市）

〜宮城県〜

宮城に現る （2015年夏、岩沼市）
旅客機や訓練機などが次々に発着する仙台空港。震災当時は滑走路に津波が押し寄せたが、復興を遂げた様子を表現した。

沈む波止場 （2012年1月、塩釜市桂島）

ゆめ灯かり（2015年3月、名取市）

松島雪景 （2012年1月、宮城県七ケ浜町）

寝ころぶタンク (2011年9月、石巻市)

青空に泳ぐ (2015年5月、東松島市)

大地にそびえる (2012年1月、石巻市)

~宮城県~

仮の置き場 (2012年4月、石巻市)
地盤沈下のため、運用ができなくなった路線。写真左側の水たまりは満潮で浸かった海水だ。

一棟残る（2013年5月、宮城県女川町）

~宮城県~

新たな町へ (2015年9月、宮城県南三陸町)
　車で移動中、復興に向けて変わりつつある動きをとらえた。

河川を造る （2015年5月、宮城県南三陸町）

~宮城県~

チリからの贈り物 （2015年5月、宮城県南三陸町）

傷つくモアイ （2012年5月、宮城県南三陸町）

刻は流れる （2013年4月、宮城県南三陸町）
右上の明かりは満開の夜桜を見るための提灯。

盛り土の春 （2015年5月、宮城県南三陸町）

~宮城県~

残る橋 (2015年1月、宮城県南三陸町)

新しい橋 (2015年1月、宮城県南三陸町)

踊る夏草
(2012年8月、宮城県南三陸町)

不屈の魂 （2014年8月、宮城県南三陸町）
さまざまな場所にメッセージが残されているが、特に印象に残った一枚。

隧道の暮景 （2012年9月、宮城県南三陸町）
　この線路は、津波によって右に押し曲げられている。本来は直線の線路で、写真の奥には駅の跡もあった。

~宮城県~

床屋さんのメッセージ （2012年5月、宮城県南三陸町）
　家主さんを訪ねたところ、快く撮影許可をもらった上、手作りの耳かきもいただいた。

壊れる橋 (2012年4月、宮城県南三陸町)

～宮城県～

畑作の再開 （2014年5月、気仙沼市）

町をつなぐ （2013年9月、気仙沼市）
写真右の鉄道橋が壊れているので、BRTという代替バスで運用している。

聖夜の彩り（2014年12月、気仙沼市）

海鳥の仮住まい （2011年9月、気仙沼市）

三年後の春 （2014年4月、気仙沼市）
　この桜並木はかさ上げ工事のために、枯れ木は伐採される。生き残った桜は別の場所へ移植される予定だという。

〜宮城県〜

残る歩道橋 （2012年12月、気仙沼市）

町に残る （2011年9月、気仙沼市）

一年後の彩 (2012年5月、気仙沼市大島)
　最初は歩いて一周するつもりだったが、とても広くて歩くのは無理。困っていたところ、近くの八百屋さんが声を掛けてくれて、フェリー乗り場から一番遠い場所まで車で連れて行ってくれた。一人歩きでは出会えなかった撮影地。

伏龍の目覚め （2012年6月、気仙沼市）
　この辺りは松原だったが、一本だけ残った松が龍の形になり姿を現した。何度も現地を訪れてシャッターチャンスを狙った一枚。伏龍とは諸葛孔明の別名。

必ず明日はやって来る （2012年5月、気仙沼市）
　私は25年以上前から闘病生活を送っている。どんなに大変なことがあっても、必ず明日はやって来ると信じ、病気に負けずに頑張ることができている。被災地の方々にも震災に負けないで頑張って欲しいと思い、撮影した。

～宮城県～

一日の始まり（2011年9月、気仙沼市）
　写真展会場で見に来ていた方が「これならお母さんに見せられる」と話して、後になって母親を連れて来てくれた。震災後からずっと港町の気仙沼に住みながら、一度も海を見ていなかったという。初めて漁船がたくさん戻っていることを知り、ホッとしていた姿が印象的だった。

朝焼けの一本松（2011年9月、陸前高田市）

奇跡の生存者 (2011年9月、陸前高田市)

夜空の競演 （2013年8月、陸前高田市）

新名所 （2013年5月、陸前高田市）
写真左下に「奇跡の一本松」も一緒に写っている。

月夜の一本松 （2011年9月、陸前高田市）

新たな姿へ（2013年5月、陸前高田市）

月の暮れる頃 （2011年9月、陸前高田市）

未来の担い手 （2015年5月、陸前高田市）
　現在、復興のためのドライバーが不足している。多くの教習生が育って復興に貢献して欲しいと願う。

幸福の願い (2011年9月、陸前高田市)
　この日は風が強く、雲が左から右へ早く流れていたので、良い形の雲が来るまで待っていた。このモニュメントを製作された方が隣に座り、一緒になって待っていてくれた。当時は周りに何もなかったので、バス停の代わりになっていたという。左奥のもう一体は、山田洋次監督が寄贈されたそうだ。

桜の頃に （2012年〜15年、陸前高田市）

毎年桜が咲く頃に訪れて定点観測撮影をしている。2012年から撮影を開始。13年に建物の解体が終わり、更地になった時に復興の遅れを感じた。14年に少し建物が建てられ、15年の正月に下見で再訪した際にはかなりかさ上げ工事が進んでいた。今後も陸前高田の町が復興していく様子を見てみたい。

2012年

2013年

~岩手県~

2014年

2015年

新たな門出　(2014年12月、陸前高田市)

うららかな日の食事　(2015年4月、陸前高田市)

~岩手県~

新たな命 (2013年5月、陸前高田市)
写真左下に新しい芽が生えている。

海辺に立つ （2012年8月、陸前高田市）
「奇跡の一本松」と同じ松原。

～岩手県～

未来の選択 （2011年9月、陸前高田市）
　当初は「奇跡の一本松」を撮影したくて現地を訪れた。実際に来てみて、あらためて被害の大きさを知った。特に、蔵に書かれた文字が印象に残り、被災地の風景を記録に残したいと強く思うきっかけとなった。記念すべき一枚。

復興への意欲 (2015年5月、陸前高田市)

工場ラッシュ （2015年9月、陸前高田市）

~岩手県~

貝殻のメッセージ (2013年8月、大船渡市)

日常の風景 (2014年8月、大船渡市)

いまでも健在 (2015年5月、大船渡市)
「三陸大王杉」と呼ばれる岩手県指定天然記念物。

三鉄に咲く（2011年9月、大船渡市）

~岩手県~

華やぐ夜空 (2012年8月、大船渡市)

港の桜 (2013年4月、大船渡市)

~岩手県~

12.5メートルの大転倒 （2012年1月、釜石市）

復興の狼煙（2011年12月、釜石市）

~岩手県~

擁壁を貫く （2012年5月、釜石市）
　桜並木の中の一本で、全て切り倒されてコンクリートの壁になってしまっていた。しかし、桜の根が生きていて、擁壁の割れ目から芽が出て成長した。地元では「ど根性桜」とか「希望の桜」と呼ばれている。

堤防に留まる（2011年9月、釜石市）

～岩手県～

すべて倒れる（2012年1月、岩手県大槌町）

枯れ木と菜の花　(2013年4月、岩手県大槌町)

~岩手県~

最後の春 (2013年4月、岩手県大槌町)
　この桜は、かさ上げ工事のため、伐採が予定されていた。工事の遅れがあって延び延びとなっていたが、2015年3月に切り倒された。地元の人たちが、この桜から多くの挿し木を育て、近くの県道に植えて桜並木にする予定という。

「静列」する山田湾 (2013年8月、岩手県山田町)
カキやホタテの養殖が盛んな山田湾。カキの養殖いかだが整然と並ぶ姿を見て「静列」という造語が浮かんだ。

新たな堤防 （2015年5月、宮古市）

当時のままに （2015年8月、岩手県山田町）

~岩手県~

新年に備える（2014年12月、岩手県山田町）

駅前のロータリー （2012年5月、岩手県山田町）

蒼い浄土ケ浜 （2012年8月、宮古市）

~岩手県~

復活のボンネットバス （2012年8月、宮古市）

復旧祈願 (2012年1月、岩手県普代村)

~岩手県~

地域の輪（2013年8月、岩手県普代村）

希望を乗せて (2012年12月、岩手県野田村)
車両の先頭で、少年がじっと前を見つめている。その姿が、希望を持って前を向いていこうという姿に見えた。

出番を待つ （2014年5月、久慈市）
　これから各海岸へ設置するための消波ブロック。仮置き場となっている。

~岩手県~

斜めに外れる（2012年12月、岩手県洋野町）

~岩手県~

復興真っ最中（2012年9月、岩手県洋野町）

青森県

港町の休日 （2014年5月、八戸市）

松原ふたたび（2014年5月、青森県おいらせ町）
　写真の上に枯れた松原がある。手前に松の苗を植えて、新しい松原をつくったところ。

~青森県~

漁港の朝日 (2012年1月、三沢市)

長野県

復旧を待つ （2012年8月、長野県栄村）

~長野県~

裂ける水田（2014年11月、長野県白馬村）

震源地を見守る （2012年7月、長野県飯山市）
　長野県でも大きな地震があったことを知ってほしいと思い掲載した。お地蔵さまたちは全て前を向いていたが、2011年3月12日の震度6の地震で、左端の一体を残して全て震源地の栄村へ向いていた。いかにも心配しているように見えた。

日常の再出発 （2015年11月、長野県白馬村）
　白馬村では多くの建物が倒壊したが、新しい住宅建設が進み、日常の生活を取り戻しつつある。

水田整備 （2015年11月、長野県白馬村）
　長野県北部地震では、水田の地下にある活断層が動いたために地割れを起こした。ようやく水田の整備が進み、2016年から稲作を再び始められる予定だ。

~長野県~

稲作で再出発（2015年6月、長野県栄村）
この辺りは地震により棚田や水路が崩れてしまい、そば畑になっていた。2014年から復旧して再び稲作が始まっている。

復興への祈り（2015年11月、長野県白馬村）
　このお地蔵さんは、東日本大震災と長野県北部地震の被災地が早く復興し、被害に遭われた方々が幸福になるようにとの願いを込め、東北に向けて安置された。

おわりに

　私は今回、「奇跡の一本松」が縁で、20回以上被災地を訪れています。

　その度に、復興が進んでいる様子や復興に前向きな姿勢を見ていると、被災者の方々の力強さを感じるとともに「自分も負けていられないな」と逆に力をたくさん頂いています。

　私は25年以上前に、5000人に1人の難病であるクローン病と診断され、闘病生活を送っております。

　初めのうちは「この先の長い人生はどうなってしまうのだろう」と悲観したこともありましたが、今では病気に負けないで頑張っています。

　被災地ではこの先の復興に向けてまだまだ大変なこともあろうかと感じておりますが、私は病気に負けないで頑張っていますので、被災者の方々も震災に負けないで頑張ってほしいと願っています。

　今回は、なるべく元気を出してもらいたいという作品を中心に集めてみました。ただ、被害の大きさを伝えることも大切かと思い、そんな姿も一部撮影させていただきました。

　被害を受けた状況を撮影する行為について、被災地では良い印象を持ってもらえないだろうと思っていました。ところが、初対面の私に「軽自動車で寝泊まりは大変だろうから家に来ていいよ」「こんな感じの被災地を撮影しているのであれば、車で案内してあげるよ」と親切にお声を掛けていただいたこともあります。そんな語り尽くせないほど多くの方々の親切に感謝しております。

　一方で、被災者の方々と触れ合う機会が増える度に、復興が進んでいてもまだまだ仮設住宅などで大変な思いをされている方々が多くいらっしゃることも、実感しております。

　これからも、さまざまな問題があるかと思いますが、私は写真家としてできるボランティアを通して、復興を遂げて新しく生まれ変わる被災地を見届けたいと思います。

2016年1月

　　　　　　　　　　　　　　　　　　　　　　　　　　　　　　　新井　栄司

著者プロフィール

写真家（長野県風景写真家協会会員）、長野市在住。
1972年、栃木県足利市生まれ。
造園業の傍ら、アマチュア写真家として全国各地の巨木や古木をフィルムカメラで撮影。
東日本大震災後、陸前高田市で「奇跡の一本松」を撮影したのをきっかけに、被災地の撮影を続けている。2013年から塩釜市、気仙沼市をはじめ、盛岡市、弘前市など各地で巡回展を開いている。
5000人に1人と言われる腸の難病・クローン病と闘いながら、アーチェリーやリュージュにも挑戦。リュージュでは2010年のアジアカップで5位入賞している。